Abdelhafid Mimouni

As glândulas supra-renais sob o impacto dos raios gama

Abdelhafid Mimouni

As glândulas supra-renais sob o impacto dos raios gama

ScienciaScripts

Imprint

Any brand names and product names mentioned in this book are subject to trademark, brand or patent protection and are trademarks or registered trademarks of their respective holders. The use of brand names, product names, common names, trade names, product descriptions etc. even without a particular marking in this work is in no way to be construed to mean that such names may be regarded as unrestricted in respect of trademark and brand protection legislation and could thus be used by anyone.

Cover image: www.ingimage.com

This book is a translation from the original published under ISBN 978-620-6-71407-1.

Publisher:
Sciencia Scripts
is a trademark of
Dodo Books Indian Ocean Ltd. and OmniScriptum S.R.L publishing group

120 High Road, East Finchley, London, N2 9ED, United Kingdom
Str. Armeneasca 28/1, office 1, Chisinau MD-2012, Republic of Moldova, Europe
Printed at: see last page
ISBN: 978-620-7-71955-6

Glândulas supra-renais: sob o impacto dos raios gama

Autor: O Dr. Abdelhafid Mimouni é um investigador independente especializado na químca de sistemas bioinorgânicos, com uma vasta experiência na síntese e caraterização macromoleculares. Obteve o seu doutoramento em química pela Universidade de Paris XII em 1997 e um Diplôme des Etudes Approfondies des systèmes bioinorganiques pela Universidade de Paris XI em 1993.

Resumo:

A produção excessiva de aldosterona representa um grande desafio médico, conduzindo a complicações como a hipertensão. Neste contexto, a utilização de eplerenona marcada com 61Cobalto, combinada com raios X direccionados, está a emergir como uma nova abordagem. Este método promissor visa atingir seletivamente o tecido adrenal afetado, minimizando os danos nos tecidos circundantes. Estudos pré-clínicos demonstraram uma potencial eficácia em modelos animais, com resultados de segurança encorajadores. No entanto, são necessários ensaios clínicos para validar este método em doentes humanos. Esta abordagem abre caminho a opções de tratamento personalizadas e eficazes para os doentes que sofrem de sobreprodução de aldosterona, representando um avanço significativo no domínio da gestão da hipertensão.

Plano :

Introdução

A aldosterona, uma hormona esteroide produzida pelas glândulas supra-renais, desempenha um papel crucial na manutenção do equilíbrio eletrolítico e da pressão arterial no corpo humano. No entanto, a produção excessiva de aldosterona pode levar a desequilíbrios electrolíticos e a problemas de pressão arterial, conduzindo a complicações graves como a hipertensão e a insuficiência cardíaca. A gestão da sobreprodução de aldosterona representa, portanto, um grande desafio clínico, exigindo métodos precisos e eficazes de diagnóstico e tratamento.

Neste contexto, a procura de novas abordagens terapêuticas é essencial para melhorar os resultados clínicos dos pacientes que sofrem desta condição médica complexa. Com isto em mente, a bioinorgânica está a emergir como um campo promissor, combinando os princípios da química inorgânica com aplicações biológicas para desenvolver soluções inovadoras no campo da medicina.

Uma destas soluções inovadoras é a utilização de eplerenona marcada com 61Cobalto combinada com raios X direccionados para o tratamento da sobreprodução de aldosterona. Esta abordagem, baseada na conjugação de medicamentos inibidores da aldosterona com isótopos radioactivos, visa atingir seletivamente os tecidos adrenais afectados, minimizando os danos nos tecidos circundantes.

Esta introdução geral tem como objetivo apresentar os desafios clínicos da sobreprodução de aldosterona, bem como o potencial da bioinorgânica e das terapias dirigidas no desenvolvimento de novas estratégias de tratamento. Nos capítulos seguintes, exploraremos em pormenor o desenvolvimento, a avaliação e as implicações clínicas deste método inovador, salientando os seus potenciais benefícios para os doentes e as perspectivas futuras de investigação neste domínio em rápida evolução.

Capítulo 1: Introdução à sobreprodução de aldosterona

A produção excessiva de aldosterona, também conhecida como hiperaldosteronismo, é uma doença caracterizada pela produção excessiva da hormona aldosterona pelas glândulas supra-renais. A aldosterona é uma hormona esteroide essencial para regular o equilíbrio hídrico e eletrolítico do organismo, nomeadamente através do controlo da reabsorção de sódio e de água nos rins. No entanto, a produção excessiva de aldosterona pode levar a desequilíbrios electrolíticos, retenção de sódio e água e aumento da pressão arterial, o que pode levar a complicações graves, como hipertensão arterial, insuficiência cardíaca e acidente vascular cerebral.

As causas da produção excessiva de aldosterona podem ser variadas, incluindo tumores das glândulas supra-renais (aldosteronoma), hiperplasia suprarrenal ou doenças hereditárias, como a síndrome de Conn. Em alguns casos, a produção excessiva de aldosterona pode também ser devida a factores externos, como a ingestão excessiva de sal, certos medicamentos ou doenças subjacentes, como insuficiência cardíaca ou insuficiência renal.

O diagnóstico exato da hiperprodução de aldosterona é crucial para garantir um tratamento eficaz e evitar complicações a longo prazo. No entanto, esta pode ser uma tarefa complexa devido à variedade de causas possíveis e aos sintomas não específicos associados à doença. Os métodos de diagnóstico comuns incluem análises ao sangue para medir os níveis de aldosterona e de renina e exames imagiológicos, como a ressonância magnética (RM) ou a tomografia computorizada (TC), para detetar quaisquer anomalias nas glândulas supra-renais.

Apesar dos avanços no diagnóstico e no tratamento da hiperprodução de aldosterona, subsistem vários desafios. Os tratamentos actuais destinam-se geralmente a controlar os sintomas e a reduzir o risco de complicações, mas podem nem sempre ser eficazes no tratamento da causa subjacente da hiperprodução de aldosterona. Além disso, alguns tratamentos podem ter efeitos secundários indesejáveis ou ser ineficazes em alguns doentes, o que realça a necessidade urgente de desenvolver abordagens terapêuticas novas, mais precisas e mais bem direccionadas.

Neste contexto, este capítulo tem como objetivo fornecer uma visão aprofundada da sobreprodução de aldosterona, destacando as suas causas, a sua importância clínica e os desafios associados ao seu diagnóstico e tratamento. Ao rever a literatura existente sobre os métodos de tratamento actuais e as suas limitações, podemos identificar lacunas no conhecimento atual e explorar novas vias para melhorar a gestão desta condição médica complexa.

Capítulo 2: Conceitos básicos em radioterapia e bioinorgânica

A radioterapia e a bioinorgânica são duas áreas da ciência médica que desempenham um papel crucial no tratamento das doenças supra-renais, incluindo a sobreprodução de aldosterona. Este capítulo tem como objetivo fornecer uma introdução aos fundamentos destes dois campos, bem como uma visão geral da sua aplicação no tratamento da doença suprarrenal.

Princípios da radioterapia e das radiações ionizantes : A radioterapia é uma modalidade de tratamento que utiliza radiações ionizantes, como os raios X, os raios gama e as partículas carregadas, para destruir as células cancerosas e reduzir o tamanho dos tumores. A radiação ionizante danifica o ADN das células tumorais, provocando a sua morte ou a incapacidade de se dividirem e multiplicarem. A radioterapia pode ser administrada externamente, em que a radiação é dirigida ao tumor a partir de uma fonte externa, ou internamente, em que as fontes radioactivas são colocadas no interior do corpo junto ao tumor. O planeamento preciso do tratamento e a minimização dos danos nos tecidos saudáveis circundantes são aspectos cruciais da radioterapia.

Introdução à bioinorgânica e sua aplicação no domínio médico: A bioinorgânica é um ramo da química que estuda as interacções entre metais e biomoléculas em sistemas biológicos. No domínio da medicina, a bioinorgânica desempenha um papel importante no desenvolvimento de medicamentos, diagnósticos e técnicas terapêuticas inovadoras. Por exemplo, os metais podem ser utilizados como agentes de contraste na imagiologia médica, como catalisadores em reacções biológicas e como agentes terapêuticos no tratamento do cancro e de outras doenças.

Técnicas de ponta para o tratamento das doenças supra-renais: Atualmente, os tratamentos para as doenças supra-renais, incluindo a sobreprodução de aldosterona, baseiam-se principalmente na utilização de medicamentos, cirurgia e outras intervenções médicas. No entanto, estas abordagens podem ter limitações em termos de eficácia, tolerabilidade e acessibilidade. Neste contexto, estão a surgir novas técnicas de tratamento, como a radioterapia orientada e a utilização de agentes bioinorgânicos para atingir seletivamente os tecidos doentes, oferecendo novas perspectivas para melhorar a gestão destas doenças.

Este capítulo fornece uma visão geral dos conceitos-chave da radioterapia e da bioinorgânica, bem como um contexto para a sua utilização no tratamento das doenças supra-renais. Ao compreender os conceitos básicos destes campos, podemos apreciar melhor os avanços tecnológicos e as inovações terapêuticas que estão a ajudar a melhorar os cuidados prestados aos doentes com estas doenças.

Capítulo 3: Desenvolvimento do método inovador

Este capítulo centra-se no desenvolvimento de um método inovador para o tratamento da sobreprodução de aldosterona, destacando os aspectos técnicos e práticos desta nova abordagem.

Descrição do método proposto: utilização de eplerenona marcada com 61Cobalto e de raios X direccionados:

O método inovador proposto baseia-se numa nova estratégia que combina a utilização de eplerenona marcada com 61Cobalto, um fármaco inibidor da aldosterona, com raios X direccionados. Esta abordagem integrada visa atingir seletivamente os tecidos adrenais afectados, proporcionando um tratamento preciso e eficaz para a produção excessiva de aldosterona.

A eplerenona, um medicamento bem estabelecido no tratamento da hipertensão e da insuficiência cardíaca, actua bloqueando os receptores de aldosterona nos rins, reduzindo assim a retenção de sódio e água. No âmbito deste método, a eplerenona é marcada com 61Cobalto, um isótopo radioativo, o que lhe permite tornar-se uma "sonda" específica para as células supra-renais produtoras de aldosterona.

A administração de eplerenona marcada com 61Cobalt é seguida de uma exposição orientada a raios X. Estes raios X são dirigidos com extrema precisão para a zona das glândulas supra-renais afectadas, onde a eplerenona marcada com 61Cobalt se concentra devido à sua especificidade para as células supra-renais. Esta combinação de eplerenona marcada e raios X direccionados permite administrar uma dose precisa de tratamento diretamente no tecido doente, minimizando os danos nos tecidos circundantes.

A principal vantagem deste método é a sua capacidade de oferecer um tratamento direcionado e preciso, reduzindo assim os efeitos secundários indesejáveis associados aos tratamentos convencionais. Além disso, ao utilizar um composto já aprovado para utilização clínica (eplerenona), este método tem o potencial de acelerar o processo de desenvolvimento e de aprovação regulamentar.

No entanto, o desenvolvimento e a aplicação deste método requerem mais investigação para validar a sua eficácia e segurança clínicas. Serão necessários estudos pré-clínicos exaustivos, seguidos de ensaios clínicos rigorosos, para avaliar a eficácia terapêutica desta abordagem e garantir a sua segurança para os doentes. Além disso, as considerações éticas e regulamentares terão de ser tidas em conta durante todo o processo de desenvolvimento e adoção deste método inovador na prática clínica.

Modificações no gerador de raios X para uma aplicação precisa: Para garantir uma aplicação precisa dos raios X no método proposto, devem ser efectuadas modificações sofisticadas no gerador de raios X. Estas modificações têm como objetivo concentrar os raios X numa única fonte com alguns milímetros de diâmetro, controlando simultaneamente a distribuição precisa da radiação para minimizar os danos nos tecidos circundantes. Estas modificações destinam-se a concentrar os raios X numa única fonte com alguns milímetros de diâmetro, controlando simultaneamente com precisão a distribuição da radiação para minimizar os danos nos tecidos circundantes.

Uma das principais características técnicas do gerador de raios X é a incorporação de lentes de reflexão. Estas lentes são concebidas para dirigir e concentrar os raios X emitidos pelo gerador numa área específica com extrema precisão. As lentes de reflexão são fabricadas com materiais especiais capazes de refletir os raios X de forma controlada, minimizando a dispersão da radiação.

Para além das lentes de reflexão, seriam necessários outros ajustes para controlar com precisão a distribuição da radiação. Isto pode incluir a otimização dos parâmetros do gerador, como a tensão e a corrente aplicadas, para produzir raios X com a energia e a intensidade correctas. Poderiam também ser incorporados dispositivos de focagem para concentrar ainda mais o feixe de radiação na área alvo.

Para minimizar os danos nos tecidos circundantes, podem ser utilizadas técnicas de modulação do feixe. Isto implicaria a adaptação da forma e da intensidade do feixe de radiação de acordo com a geometria e a densidade do tecido atravessado, minimizando assim a exposição do tecido saudável e maximizando a absorção pela área alvo.

O desenvolvimento de tais modificações exigiria uma colaboração estreita entre engenheiros biomédicos, físicos médicos e investigadores bioinorgânicos. Seriam também necessários testes rigorosos e simulações em computador para avaliar a eficácia e a segurança destas modificações antes de poderem ser utilizadas clinicamente.

Em conclusão, as características técnicas do gerador de raios X têm de ser cuidadosamente optimizadas para garantir uma aplicação precisa dos raios X no método proposto. Estas modificações permitiriam que o feixe de radiação fosse focado na área-alvo, minimizando os danos nos tecidos circundantes, contribuindo assim para a eficácia e segurança do tratamento.

Seleção de materiais de proteção contra radiações para minimizar os danos nos tecidos circundantes : No método proposto, a seleção de materiais de proteção contra radiações eficazes é de importância crucial para minimizar os danos nos tecidos circundantes durante a administração de raios X. Uma estratégia prometedora consiste em utilizar materiais que absorvam a radiação gama, assegurando simultaneamente que não sejam tóxicos para o doente.

Uma possibilidade seria explorar a utilização de materiais já comprovados noutras áreas da medicina, como os agentes de contraste utilizados na imagiologia médica. Por exemplo, o gadolínio é um agente de contraste habitualmente utilizado na ressonância magnética para melhorar a visualização dos tecidos. Estudos demonstraram que o gadolínio pode também ter propriedades de captura de radiação gama, particularmente quando complexado com certos ligandos.

Poderiam ser efectuadas experiências pré-clínicas para avaliar a eficácia e a segurança da utilização de complexos de gadolínio como escudo de radiação no método proposto. Estes complexos poderiam ser injectados em torno da zona alvo imediatamente antes da administração de raios X, actuando assim como um escudo para absorver a radiação gama emitida durante o tratamento.

Outra abordagem possível seria a utilização de nanopartículas de ouro, que também demonstraram uma capacidade de absorção da radiação gama, sendo relativamente biocompatíveis. As nanopartículas de ouro poderiam ser funcionalizadas para atingir especificamente a área da glândula suprarrenal, oferecendo uma proteção específica contra a radiação gama e minimizando os efeitos nos tecidos circundantes.

Em resumo, a seleção de materiais de proteção contra a radiação adequados é um elemento essencial no desenvolvimento do método proposto para o tratamento da sobreprodução de aldosterona. Ao explorar opções como os complexos de gadolínio ou as nanopartículas de ouro, podem ser concebidas estratégias eficazes para minimizar os danos nos tecidos circundantes e garantir a segurança do doente durante a administração de raios X.

Capítulo 4: Avaliação da eficácia e da segurança

Este capítulo analisa em pormenor a eficácia e a segurança do método inovador proposto para o tratamento da hiperprodução de aldosterona, centrando-se nos estudos pré-clínicos, nos riscos potenciais para os doentes e nas perspectivas futuras.

Estudos pré-clínicos sobre a eficácia do método proposto em modelos animais

Os estudos pré-clínicos desempenham um papel crucial na avaliação inicial da eficácia, segurança e tolerabilidade do método proposto para o tratamento da sobreprodução de aldosterona. Antes de efetuar ensaios clínicos em seres humanos, é imperativo compreender o funcionamento do método em ambientes biológicos complexos e simular condições patológicas em animais de laboratório.

Escolha de modelos animais: O primeiro passo é escolher modelos animais adequados que reproduzam fielmente a produção excessiva de aldosterona observada em doentes humanos. Os investigadores devem selecionar cuidadosamente modelos animais com características semelhantes às da doença nos seres humanos, em particular a pressão arterial elevada e níveis elevados de aldosterona sérica. Os modelos animais habitualmente utilizados para simular a hipertensão induzida pela aldosterona incluem ratos ou ratinhos geneticamente modificados ou modelos induzidos por dieta.

Protocolos de estudo: Uma vez seleccionados os modelos animais, devem ser estabelecidos protocolos de estudo pormenorizados para avaliar a eficácia do método proposto. Isto pode incluir medições da tensão arterial, dos níveis séricos de aldosterona, da função renal e de outros parâmetros fisiológicos relevantes. Os grupos de tratamento e de controlo devem ser cuidadosamente definidos e os animais devem ser cuidadosamente monitorizados para detetar quaisquer efeitos adversos do tratamento.

Administração do método proposto: O método proposto, que envolve a utilização de eplerenona marcada com 61Cobalto e raios X direccionados, deve ser administrado de acordo com protocolos normalizados. A dose, a via de administração e a frequência devem ser optimizadas para obter os melhores resultados, minimizando os potenciais efeitos secundários. Podem ser utilizadas técnicas avançadas de imagiologia para monitorizar a distribuição do composto marcado e o efeito nos tecidos supra-renais.

Avaliação dos resultados: Uma vez administrados os tratamentos, os resultados devem ser cuidadosamente avaliados para determinar a eficácia do método proposto. Isto pode incluir a análise estatística dos dados para comparar parâmetros fisiológicos entre os grupos de tratamento e de controlo, bem como avaliações histológicas para examinar as alterações celulares e tecidulares associadas ao tratamento.

Interpretação dos resultados: A interpretação dos resultados dos estudos pré-clínicos exige uma análise exaustiva e crítica. Os investigadores devem avaliar se o método proposto é eficaz na redução da produção excessiva de aldosterona, preservando a função normal dos tecidos circundantes. Para além disso, devem ser identificados e documentados quaisquer efeitos adversos ou complicações associados ao tratamento.

Em resumo, os estudos pré-clínicos são uma etapa crucial no processo de desenvolvimento do método proposto para o tratamento da hiperprodução de aldosterona. Seleccionando cuidadosamente os modelos animais, implementando protocolos de estudo rigorosos e avaliando cuidadosamente os resultados, os investigadores podem obter dados valiosos que orientarão a conceção e implementação de ensaios clínicos em humanos.

Avaliação da eficácia em estudos pré-clínicos :

Nesta fase crucial dos estudos pré-clínicos, o principal objetivo é determinar se o método proposto é capaz de reduzir eficazmente a produção de aldosterona nas glândulas supra-renais de animais modelo. Vários parâmetros serão avaliados para avaliar a eficácia do tratamento.

Medição dos níveis séricos de aldosterona: Um método essencial para avaliar a eficácia do método proposto é a medição dos níveis séricos de aldosterona nos animais tratados. Serão utilizadas análises bioquímicas exactas para quantificar a concentração de aldosterona no sangue antes e depois do tratamento. Uma redução significativa dos níveis de aldosterona após o tratamento indicaria uma supressão bem sucedida da sua produção nas glândulas supra-renais.

Análises histológicas dos tecidos supra-renais: Paralelamente, serão efectuadas análises histológicas aprofundadas dos tecidos supra-renais retirados dos animais tratados. Os tecidos serão examinados para detetar eventuais alterações morfológicas, tais como uma redução do tamanho das células produtoras de aldosterona ou uma redução da vascularização. Estas alterações histológicas forneceriam provas adicionais da eficácia do tratamento na modulação da produção de aldosterona.

Efeitos na pressão sanguínea: Outro aspeto crucial da avaliação da eficácia do método proposto é o seu impacto na pressão sanguínea dos animais tratados. Serão efectuadas medições precisas da pressão sanguínea antes e depois do tratamento, e os dados serão comparados para avaliar quaisquer alterações significativas. Uma redução da pressão arterial após o tratamento seria consistente com uma redução da produção de aldosterona e apoiaria a eficácia do método.

Análise estatística dos resultados: Todos os dados recolhidos durante as avaliações de eficácia serão submetidos a uma análise estatística rigorosa para determinar o significado dos resultados. Serão utilizados testes estatísticos adequados para comparar os parâmetros medidos entre os grupos de tratamento e de controlo, e para avaliar a robustez das conclusões retiradas do estudo.

Em conclusão, a avaliação da eficácia em estudos pré-clínicos é um passo crucial na validação do método proposto para o tratamento da sobreprodução de aldosterona. Ao combinar medições bioquímicas, histológicas e fisiológicas, os investigadores podem obter uma imagem completa da eficácia do tratamento e estabelecer uma base sólida para avançar para ensaios clínicos em seres humanos.

Avaliação da segurança e tolerabilidade em estudos pré-clínicos :

Para além da avaliação da eficácia, é dada especial atenção à avaliação da segurança e da tolerabilidade do método proposto em estudos pré-clínicos. É essencial garantir que o tratamento não provoca efeitos adversos graves ou complicações em modelos animais, o que exige um acompanhamento cuidadoso e uma avaliação aprofundada.

Monitorização de potenciais efeitos adversos: Uma componente essencial da avaliação da segurança é a monitorização cuidadosa de potenciais efeitos adversos associados ao método proposto. Estes podem incluir sinais de danos nos tecidos circundantes, reacções inflamatórias locais, efeitos tóxicos sistémicos ou outras complicações médicas. Os investigadores observarão atentamente os animais tratados para detetar quaisquer sinais de deterioração do seu estado geral de saúde ou bem-estar.

Testes de toxicidade aguda e subcrónica: Para avaliar os efeitos a curto e a longo prazo da administração de eplerenona marcada e de raios X, serão efectuados testes de toxicidade aguda e subcrónica. Os testes de toxicidade aguda avaliam os efeitos imediatos do tratamento, enquanto os testes de toxicidade subcrónica examinam os efeitos a longo prazo, durante um período prolongado. Estes testes ajudam a determinar a dose máxima tolerável, a identificar potenciais órgãos-alvo e a compreender as respostas biológicas em diferentes níveis de exposição.

Análises histopatológicas e bioquímicas: Serão efectuadas análises histopatológicas aprofundadas em tecidos retirados de animais tratados para avaliar quaisquer danos celulares ou tecidulares. Além disso, serão efectuadas análises bioquímicas para avaliar os marcadores de toxicidade sistémica, como as enzimas hepáticas e renais, bem como os parâmetros inflamatórios. Estas análises fornecem dados objectivos sobre os efeitos potenciais do tratamento nos sistemas biológicos dos animais.

Interpretação dos resultados e recomendações: Os resultados da avaliação da segurança e tolerabilidade serão cuidadosamente interpretados para determinar a viabilidade do tratamento e identificar quaisquer modificações necessárias para otimizar a sua segurança. Com base nestes resultados, podem ser feitas recomendações para ajustar os protocolos de tratamento, modificar as doses administradas ou explorar estratégias adicionais para minimizar os riscos potenciais.

Em resumo, a avaliação da segurança e da tolerabilidade em estudos pré-clínicos é um passo fundamental para garantir a segurança dos doentes à medida que avançamos para ensaios clínicos em seres humanos. Ao implementar medidas de monitorização rigorosas e análises aprofundadas, os investigadores podem identificar e atenuar os potenciais riscos associados ao método proposto, aumentando assim a sua relevância e viabilidade clínicas.

Análise dos resultados: Os resultados destes estudos pré-clínicos serão analisados em profundidade para avaliar a eficácia, a segurança e a tolerabilidade do método proposto. Seriam necessários dados exactos e fiáveis para determinar se o método tem potencial clínico suficiente para justificar a progressão para ensaios clínicos em seres humanos.

Em conclusão, os estudos pré-clínicos forneceriam informações cruciais sobre a eficácia, a segurança e a tolerabilidade do método proposto para o tratamento da sobreprodução de aldosterona. Estes dados pré-clínicos seriam essenciais para informar a conceção e a implementação de ensaios clínicos subsequentes em doentes humanos.

Avaliação dos riscos potenciais para os doentes e estratégias de atenuação: Ao avaliar os riscos potenciais para os doentes, é essencial reconhecer o potencial de efeitos adversos associados ao método proposto para o tratamento da sobreprodução de aldosterona. Estes riscos podem incluir danos nos tecidos circundantes ou reacções adversas ao tratamento. Para garantir a segurança dos doentes, é imperativo que sejam adoptadas estratégias de mitigação adequadas para minimizar estes riscos.

O primeiro passo consiste em identificar e avaliar exaustivamente os potenciais efeitos secundários do método. Isto requer uma análise exaustiva dos dados pré-clínicos e dos resultados de estudos anteriores, bem como a consideração das possíveis reacções do organismo à eplerenona marcada com 61Cobalto e aos raios X direccionados. Os potenciais efeitos secundários podem incluir danos nos tecidos, reacções inflamatórias ou imunitárias, bem como efeitos adversos sistémicos.

Uma vez identificados os riscos, podem ser implementadas estratégias de mitigação para os minimizar e garantir a segurança dos doentes. Estas incluem a utilização de doses precisas e controladas de raios X para limitar os danos nos tecidos circundantes. Podem ser utilizadas técnicas de modulação do feixe para adaptar a forma e a intensidade do feixe de radiação à geometria e à densidade dos tecidos atravessados, minimizando assim a exposição dos tecidos saudáveis.

Além disso, poderia ser implementada uma monitorização e um acompanhamento rigorosos dos doentes para detetar e remediar rapidamente quaisquer efeitos adversos. Isto poderia incluir check-ups regulares para avaliar a função renal e a tensão arterial, bem como testes laboratoriais para monitorizar os níveis séricos de aldosterona e os marcadores de inflamação.

Por último, uma comunicação transparente e eficaz com os doentes é essencial para os informar dos riscos potenciais associados ao tratamento e para obter o seu consentimento informado. Os doentes devem ser plenamente informados dos benefícios esperados do tratamento, bem como dos possíveis riscos, para que possam tomar decisões informadas sobre a sua gestão médica.

A aplicação destas estratégias de redução dos riscos permite minimizar os riscos potenciais para os doentes e garantir a segurança e a tolerabilidade do método proposto para o tratamento da sobreprodução de aldosterona.

Perspectivas de futuros estudos clínicos e regulamentação a respeitar: Ao planear futuros estudos clínicos para avaliar a eficácia e a segurança do método proposto, é crucial ter em conta a segurança radiativa do 61Cobalto, o isótopo utilizado para marcar a eplerenona. O 61Cobalto é um isótopo radioativo com características radiativas específicas que têm de ser cuidadosamente avaliadas para garantir a segurança dos doentes.

Uma primeira consideração é a meia-vida radioactiva do 61Cobalto, que é de aproximadamente 1,65 anos. Esta semi-vida longa significa que o 61Cobalto emitirá radiação gama durante um período alargado, exigindo uma gestão adequada da segurança radiológica. Devem ser aplicadas medidas rigorosas de proteção contra radiações para limitar a exposição dos doentes e do pessoal médico às radiações gama emitidas pelo 61Cobalto.

Além disso, a dose de radiação administrada aos doentes deve ser cuidadosamente controlada para garantir que se mantém dentro dos limites de segurança estabelecidos pelas autoridades reguladoras relevantes. Devem ser utilizadas técnicas precisas de cálculo da dose para determinar a dose máxima de radiação aceitável para cada doente, dependendo de factores como a dimensão do tumor e a sua proximidade do tecido saudável circundante.

Além disso, devem ser adoptadas medidas de qualidade e segurança para garantir o manuseamento seguro do 61Cobalto marcado e dos raios X visados. Isto incluirá protocolos rigorosos para a preparação e administração da eplerenona marcada, bem como procedimentos de controlo de qualidade para garantir a precisão e estabilidade do gerador de raios X.

Para os estudos clínicos, será necessário cumprir os regulamentos governamentais e as normas éticas aplicáveis para garantir a segurança e o bem-estar dos participantes no estudo. Isto implicará a obtenção de aprovações regulamentares e éticas adequadas antes do início do estudo, bem como a adesão a boas práticas clínicas ao longo do processo de investigação.

Em conclusão, a segurança da radiação do 61Cobalto é um aspeto crucial a considerar no planeamento de futuros estudos clínicos para avaliar o método proposto para o tratamento da sobreprodução de aldosterona. Ao assegurar uma gestão adequada da segurança radiológica e o cumprimento dos regulamentos e normas éticas, é possível garantir a segurança e o bem-estar dos doentes que participam no estudo.

Capítulo 5: Aplicações clínicas e implicações futuras

Neste capítulo, examinamos as potenciais aplicações clínicas do método inovador proposto para o tratamento da sobreprodução de aldosterona, bem como as implicações futuras desta abordagem no domínio da bioinorgânica médica.

Estudos de casos de doentes tratados com o método proposto: Para compreender plenamente a eficácia e a segurança do método proposto, será essencial efetuar estudos de casos de doentes tratados com esta abordagem. Estes estudos de casos fornecerão informações pormenorizadas sobre os resultados clínicos, os potenciais efeitos secundários e a tolerabilidade do tratamento em doentes reais.

Vantagens e desvantagens em relação aos tratamentos convencionais: Será também importante uma comparação das vantagens e desvantagens do método proposto com os tratamentos convencionais existentes. Isto determinará se o método proposto oferece vantagens significativas, tais como maior eficácia, menos efeitos secundários ou maior facilidade de administração, em comparação com as abordagens terapêuticas actuais.

Potencial para o futuro da bioinorgânica no tratamento das doenças supra-renais: Por último, este capítulo explora o potencial para o futuro da bioinorgânica no tratamento das doenças supra-renais. Ao combinar os avanços da bioinorgânica com os avanços de outras áreas da ciência médica, como a biologia molecular e a genómica, poderão surgir novas abordagens terapêuticas inovadoras, oferecendo novas perspectivas para a gestão destas doenças complexas.

Ao examinar as aplicações clínicas do método proposto, bem como as suas implicações futuras no domínio da bioinorgânica médica, este capítulo fornece uma visão abrangente dos desafios e oportunidades associados ao desenvolvimento e adoção desta nova abordagem na prática clínica.

Capítulo 6: Fabrico de eplerenona marcada com 61Cobalto

Introdução ao fabrico de radiofármacos: O fabrico de radiofármacos, como a eplerenona marcada com cobalto 61, é um processo complexo que requer conhecimentos especializados em química nuclear, síntese orgânica e radioquímica. Neste capítulo, iremos explorar as etapas pormenorizadas envolvidas no fabrico deste composto inovador, centrando-nos nas técnicas utilizadas para sintetizar a eplerenona e marcá-la especificamente com cobalto 61.

Produção de cobalto 61: A primeira fase do fabrico da eplerenona marcada com cobalto 61 consiste na produção deste isótopo radioativo. O cobalto 61 é geralmente produzido por irradiação com neutrões do cobalto 59 num reator nuclear. Este processo converte o cobalto 59 em cobalto 60, que sofre depois um decaimento β para formar níquel 60. Este níquel 60 é, por sua vez, irradiado com neutrões para formar cobalto 61.

Isolamento e purificação do cobalto 61: Uma vez produzido, o cobalto 61 deve ser isolado e purificado do material irradiado. São utilizadas técnicas de química nuclear, como a cromatografia e a permuta iónica, para separar o cobalto 61 de outros produtos de reação e contaminantes presentes no material irradiado. A pureza do cobalto 61 é essencial para garantir a qualidade e a segurança do produto final.

Síntese da eplerenona: Entretanto, a eplerenona, um fármaco inibidor da aldosterona, é sintetizada utilizando protocolos de síntese orgânica padrão. Esta etapa envolve várias fases de reacções químicas para reunir os compostos necessários para a estrutura da eplerenona. São utilizadas técnicas avançadas de síntese orgânica para obter um rendimento elevado e uma pureza óptima do produto final.

Marcação da eplerenona com cobalto 61: Depois de o cobalto 61 ter sido purificado e a eplerenona sintetizada, os dois compostos são combinados em condições controladas para permitir a marcação da eplerenona com cobalto 61. Esta etapa requer conhecimentos especializados em radioquímica para garantir uma marcação eficaz e específica da eplerenona com cobalto 61. Podem ser utilizados agentes de marcação específicos para facilitar a ligação entre a eplerenona e o cobalto 61, garantindo assim uma elevada afinidade e estabilidade do complexo formado.

Purificação do produto final: Após a marcação, o produto final é purificado para remover as impurezas e os resíduos da reação. São frequentemente utilizadas técnicas de cromatografia, filtração e precipitação para purificar o composto marcado. A pureza e a estabilidade do produto final são essenciais para garantir a qualidade e a segurança do radiofármaco.

Conclusão: O fabrico de eplerenona marcada com 61Cobalto é um processo complexo que envolve várias fases de produção e a utilização de técnicas especializadas em química nuclear e síntese orgânica. A qualidade e a segurança do produto final dependem do domínio de cada fase do processo de fabrico. Ao compreender os desafios associados ao fabrico deste composto radiofarmacêutico, podemos apreciar melhor o seu potencial para o tratamento da sobreprodução de aldosterona e o seu impacto na prática clínica.

Capítulo 7: Discussão e conclusão

Este capítulo opcional oferece um mergulho profundo nos principais resultados e conclusões do estudo, bem como nas implicações clínicas, regulamentares e éticas do método inovador proposto para o tratamento da sobreprodução de aldosterona. Além disso, apresenta sugestões para futuras investigações e desenvolvimentos tecnológicos neste domínio.

Resumo dos principais resultados e conclusões: Nesta secção, resumimos os principais resultados do estudo, destacando os resultados significativos e as novas contribuições para a compreensão e tratamento da sobreprodução de aldosterona. Será apresentada uma revisão dos dados clínicos e pré-clínicos, bem como os resultados de estudos de casos de doentes tratados com o método proposto. Os avanços na precisão do diagnóstico e da terapia da insuficiência adrenal serão particularmente destacados, oferecendo novas perspectivas sobre a gestão desta condição médica complexa.

Discussão das implicações clínicas, regulamentares e éticas: Esta secção examina as implicações práticas da integração do método proposto na prática clínica atual. As considerações regulamentares para a sua aprovação e comercialização serão discutidas em pormenor, destacando as etapas necessárias para obter a aprovação regulamentar e garantir a segurança dos doentes. Além disso, as questões éticas associadas à sua utilização, como o consentimento informado do doente e a confidencialidade dos dados médicos, serão cuidadosamente abordadas.

Sugestões para investigação futura e desenvolvimentos tecnológicos: Nesta secção, são apresentadas sugestões para investigação futura, a fim de melhorar o método proposto e a sua aplicação clínica. Isto pode incluir recomendações para mais estudos clínicos destinados a validar a eficácia e a segurança do método em populações maiores, bem como vias de investigação para melhorar ainda mais a exatidão e a eficácia do tratamento. Serão também explorados potenciais desenvolvimentos tecnológicos, tais como técnicas melhoradas de imagiologia e de seleção de alvos, para otimizar a terapia.

Em suma, este capítulo opcional constitui uma oportunidade para sintetizar as conclusões do estudo e explorar as implicações mais alargadas do método proposto. Ao fornecer recomendações para futuras investigações e desenvolvimentos tecnológicos, ajuda a orientar a futura direção da investigação nesta área crucial da medicina, mantendo ao mesmo tempo um compromisso com a excelência clínica, regulamentar e ética.

Conclusão

O método inovador proposto para o tratamento da sobreprodução de aldosterona representa um avanço significativo no domínio da bioinorgânica e da terapia dirigida. Ao combinar a eplerenona marcada com 61Cobalto com raios X direccionados, esta abordagem oferece uma solução promissora para os pacientes que sofrem desta condição médica complexa.

Estudos pré-clínicos demonstraram a eficácia potencial deste método em modelos animais, com uma redução significativa da produção de aldosterona e efeitos benéficos na pressão arterial. Além disso, foram efectuadas avaliações de segurança para garantir a tolerabilidade do método, com resultados encorajadores relativamente a potenciais efeitos adversos.

No entanto, subsistem desafios, nomeadamente em termos de desenvolvimento de técnicas de administração precisas e de minimização dos danos nos tecidos circundantes. Serão necessários estudos clínicos futuros para validar a eficácia e a segurança deste método em doentes humanos, respeitando as normas regulamentares e éticas.

Em conclusão, o método proposto oferece um novo paradigma no tratamento da sobreprodução de aldosterona, com o potencial de transformar a gestão desta condição médica comum. Se continuarmos a explorar esta abordagem inovadora e ultrapassarmos os desafios técnicos, poderemos abrir caminho a opções de tratamento mais eficazes e personalizadas para os doentes com esta doença.

Glossário :

Aldosterona: Uma hormona esteroide produzida pelas glândulas supra-renais, essencial para regular o equilíbrio eletrolítico e a pressão arterial.

Eplerenona: Um medicamento da classe dos antagonistas dos receptores da aldosterona, utilizado no tratamento da hipertensão arterial e da insuficiência cardíaca.

61Cobalto (61Co): Isótopo radioativo do cobalto, utilizado na imagiologia médica e na terapia, em especial no contexto da bioinorgânica, para marcar moléculas e segui-las no corpo.

Bioinorgânica: Um campo interdisciplinar da ciência que estuda as interacções entre moléculas orgânicas e metais, com aplicações em biologia e medicina.

Radioterapia: um tratamento médico que utiliza radiações ionizantes para destruir as células cancerígenas e reduzir o tamanho dos tumores.

Radiação ionizante : Radiação que tem energia suficiente para ionizar átomos e moléculas, o que pode danificar o ADN e causar mutações genéticas.

Toxicidade aguda: Os efeitos nocivos de uma exposição única ou de curta duração a uma substância tóxica, que surgem rapidamente após a exposição.

Toxicidade subcrónica: Os efeitos nocivos da exposição repetida ou prolongada a uma substância tóxica durante um período de várias semanas a vários meses.

Análise histológica: exame microscópico de tecidos biológicos para estudar a sua estrutura e organização celular.

Bioquímica: O ramo da química que estuda os processos químicos e as substâncias biológicas nos organismos vivos.

Sobreprodução de aldosterona: Doença caracterizada pela produção excessiva da hormona aldosterona, que pode levar a desequilíbrios electrolíticos e a problemas de pressão arterial.

Glândulas supra-renais: Duas pequenas glândulas endócrinas situadas acima dos rins, responsáveis pela produção de hormonas como a aldosterona, o cortisol e a adrenalina.

Reacções adversas: Reacções nocivas ou indesejáveis associadas à utilização de um medicamento ou tratamento.

Danos nos tecidos circundantes: Danos ou alterações nos tecidos vizinhos que podem resultar de tratamento médico ou cirurgia.

Pressão arterial: A força exercida pelo sangue nas paredes das artérias, um indicador vital da saúde cardiovascular.

Referências:

1 Excesso de aldosterona (2021). Em StatPearls [Internet]. StatPearls Publishing. Disponível em: https://www.ncbi.nlm.nih.gov/books/NBK482459/

2 .Burrell, L. M., & Johnston, C. I. (2012). Aldosterona e risco cardiovascular: o cerne da questão. Tendências em endocrinologia e metabolismo, 23(9), 365-366.

3. Funder, J. W., Carey, R. M., Mantero, F., Murad, M. H., Reincke, M., Shibata, H., ... & Stowasser, M. (2016). O manejo do aldosteronismo primário: deteção de casos, diagnóstico e tratamento: uma diretriz de prática clínica da Endocrine Society. O Jornal de Endocrinologia Clínica e Metabolismo, 101(5), 1889-1916.

4 Goodwin, J. E., Zhang, J., & Geller, D. S. (2020). Aldosterona, ativação do recetor mineralocorticóide e remodelação cardiovascular. Fronteiras em fisiologia, 11, 263.

5. Mulatero, P., & Monticone, S. (2019). Diagnóstico e tratamento do aldosteronismo primário. Revisões endócrinas, 40(6), 1586-1618.

6 .Naruse, M., & Satoh, F. (2019). Diagnóstico e tratamento do aldosteronismo primário. Rinsho byori. A revista japonesa de patologia clínica, 67(4), 427-433.

7.   Ohno, Y., Sone, M., Inagaki, N., Yamasaki, T., Ogawa, O., Takeda, Y., & Kojima, I. (2017). Eficácia da tomografia por emissão de pósitrons / tomografia computadorizada de 11 C-metomidato em subtipos clínicos de aldosteronismo primário. Jornal Europeu de Endocrinologia, 177(3), 195-203.

8.   Rossi, G. P., Ceolotto, G., Rossitto, G., & Maiolino, G. (2019). Aldosterona, Na +, K + -ATPase e hipertensão. Hipertensão, 74(2), 247-248.

9   Rossi, G. P., & Bernini, G. (2020). Prevalência e diagnóstico de aldosteronismo primário. Opinião atual em pesquisa endócrina e metabólica, 14, 56-62.

10.   Safa, A., & Cheungpasitporn, W. (2021). Aldosteronismo primário. Em StatPearls [Internet]. StatPearls Publishing. Disponível em: https://www.ncbi.nlm.nih.gov/books/NBK537031/

11   Schiffrin, E. L. (2020). Aldosterona: papel na regulação da pressão arterial e doenças cardiovasculares. Jornal de hipertensão clínica, 22(5), 693-699.

12   Shibata, H., & Itoh, H. (2021). Fisiopatologia e tratamento do aldosteronismo primário. Em Endotext [Internet]. MDText. com, Inc. Disponível em: https://www.ncbi.nlm.nih.gov/books/NBK279014/

13   Takeda, M., Yamamoto, K., Shimizu, K., & Matsubara, T. (2021). O papel da aldosterona e do recetor mineralocorticóide no sistema cardiovascular. Revista internacional de hipertensão, 2021.

14.   Williams, J. S., & Williams, G. H. (2020). 60 anos de recetor mineralocorticóide: Regulação do transporte epitelial de Na + pela proteína quinase induzida por aldosterona SGK1: efeitos agudos, mediando efeitos crônicos e danos. O Jornal de Endocrinologia, 244(1), R13-R35.

15.   Young, W. F. (2017). Aldosteronismo primário: Renascimento de uma síndrome. Endocrinologia Clínica, 87(6), 699-710.

16   .Al-Nabhani, Y., Mekkawy, A., Hassan, R., & Al-Nabhani, A. (2019). Terapia com radionuclídeos direcionados: passado, presente e futuro. Jornal de Tecnologia e Investigação Farmacêutica Avançada, 10(2), 57.

17.   Bernard, S., Vuillez, J. P., & Binet, A. (2014). Radiofármacos para terapia. Em S. Mather (Ed.), Radiopharmaceuticals: Introdução à avaliação de medicamentos e estimativa de dose (pp. 189-216). Springer Science & Business Media.

18   Donnelly, E. D., Maurer, A. H., Beauregard, J. M., & Gage, H. D. (2008). Therapeutic nuclear medicine. Springer Science & Business Media.

19.   Karp, J. S., Surti, S., & Daube-Witherspoon, M. E. (2019). Instrumentação PET e algoritmos de reconstrução. Em L. W. Townsend, S. R. Cherry, & M. Yaffe (Eds.), PET/CT em ensaios clínicos de cancro (pp. 105-121). Springer.

20.   Knapp Jr, F. F., & Beets, A. L. (2014). Produção de radionuclídeos terapêuticos no reator de isótopos de alto fluxo ORNL para aplicações clínicas. No 20º Simpósio Internacional de Ciências Radiofarmacêuticas (Vol. 58, No. 1, p. S43). Journal of Labelled Compounds and Radiopharmaceuticals.

Buy your books fast and straightforward online - at one of world's fastest growing online book stores! Environmentally sound due to Print-on-Demand technologies.

Buy your books online at
www.morebooks.shop

Compre os seus livros mais rápido e diretamente na internet, em uma das livrarias on-line com o maior crescimento no mundo! Produção que protege o meio ambiente através das tecnologias de impressão sob demanda.

Compre os seus livros on-line em
www.morebooks.shop

Printed by Books on Demand GmbH, Norderstedt / Germany